香菇安全 与加

边银丙　程薇●主编

长江出版传媒　湖北科学技术出版社

序言

Preface

为提高科研院校农业科技成果转化率，提升农村农技推广服务能力，因应我国农业发展新常态，实现农业发展方式转变和供给侧结构调整，农业部办公厅、财政部办公厅先后联合印发《推动科研院校开展农技推广服务试点实施指导意见》和农财【2015】48号文《关于做好推动科研院校开展重大农技推广服务试点工作》的通知，选择10个省（直辖市）为试点省份，依托科研院校开展重大农技推广服务试点工作，支持发展“科研试验基地+区域示范基地+基础推广服务体系+农户”的链条式农技推广服务新模式，形成以主导产业为核心，技术创新为引领，通过技术示范、技术培训、信息传播等途径开展新型推广服务体系建设，使科学技术在农业产业落地生根、开花结果。

湖北是我国重要的农业大省，是全国粮油、水产和蔬菜生产大省，也是本次试点省之一，根据全省产业特点，我省选择水稻和园艺作物（蔬菜、柑橘）两个主导产业开始试点工作。湖北园艺产业（蔬菜、柑橘）区位优势和区域特色明显，已被列入全国蔬菜、柑橘生产优势产区，是湖北农民增收的重要产业。湖北省是蔬菜的适宜产区，十三大类560多个种类的蔬菜能四季生长，周年供应。2014年湖北省蔬菜（含菜、瓜、菌、芋）播种面积1890万亩左右，总产量4000万吨左右，蔬菜总产值1070亿元，对湖北省农民人均纯收入的贡献超过850元；湖北省柑橘栽培面积368万亩，产量437万吨，产值近百亿元。

湖北省园艺产业重大农技推广服务试点项目围绕湖北省有区域特色的高山蔬菜、水生蔬菜、露地越冬蔬菜、食用菌、柑橘等，集成应用名优蔬菜新品种50个、成熟实用的产业技术50项，组建8个园艺作物（蔬菜、柑橘）安全生产技术服务体系。《湖北省园艺产业农技推广实用技术》系列丛书正是以示范推广的100余项新品种、新技术、新模式为基础编写而成的，全书图文并茂，言简意赅，技术内容针对性、实用性较强，值得广大农民朋友、生产干部、农技推广服务工作者借鉴与参考，也是湖北省依托科技实现园艺产业精准扶贫的好读本。

湖北省农业科学院党委书记

湖北省农业厅党组成员

刘晓洪

2015年9月

《香菇安全高效生产与加工技术》编写名单

本册主编：边银丙　程　薇

本册副主编：王卓仁　高　虹　李进山　常　堃

本册参编人员（按姓氏笔画排序）：田继承　刘　杰　李　军　李　露　李为民　李世华　李金国　杨　德　肖　艳　肖新军　吴建志　张　健　张九玲　陈　波　柯有彩　黄天骥　龚长久　蔡　婧　薛淑静

目 录 Contents

二、秋栽代料香菇（花菇）轻简化栽培技术规程

三、香菇优良品种特性及栽培要点

目 录

Contents

一、香菇秋季代料优质高产栽培关键技术

（一）菇场建造

1. 场地选择

出菇场宜在背风向阳、光照充足、通风良好、地势平坦，环境卫生，远离工厂、垃圾场、畜禽舍，近水源、易排水，进出料便利之地。出菇棚应坐北朝南，呈东西走向搭建，要具备抵御风吹雪压的能力，创造适宜花菇生长发育的环境条件。

图1　菇场

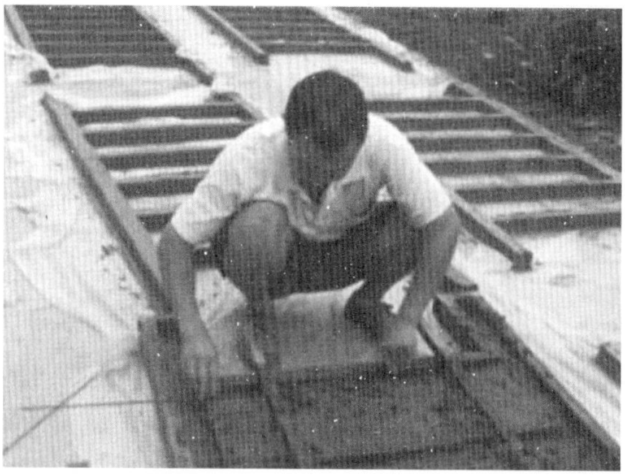

图2　菇棚建造

图3　菇棚设计

2. 菇棚建造

菇棚建造既要牢固又要省工省料且环保，菇棚大小要适当，既有利于出花菇又有利于操作，一般每棚放500～800袋为宜。

3. 菇棚设计

以排放600～700袋为例，棚宽2.7米、长6米、顶高2.2米，两边高1.9米，中间宽0.9米，两边层架宽各0.9米，两边由水泥架和竹杆构成，成拱型，薄膜遮阳覆盖。水泥架规格：宽0.9米，边高1.9米，顶高2.2米，共6层，底层离地面33厘米，其余各层间距25厘米。材料由水泥、沙、细钢筋或制板用冷拉丝组成。

（二）选择适宜的栽培季节

随州秋栽香菇需在阴历冬月出第一茬菇，腊月育第二茬菇，正月育第三茬菇，利用好这三个月的有利出花菇时间，可生产两三批优质花菇，接种时间的早晚直接影响年内是否能正常出菇。根据随州气候和栽培品种特点，接种时间一般在8月10日至9月10日，太早气温高，菌袋成品率不高；太晚，菌袋后期不易转色，出菇不正常。8月初拌料、装袋、灭菌。粉碎木屑时间一般在每年7月，将去冬今春备好的菌材提前20～30天粉碎堆制发酵，杀灭杂菌和软化木屑，利于香菇菌丝吃料，提高成活率（遇阴雨天气用薄膜覆盖，雨停掀掉薄膜）。

表1 随州市2011—2014年综合月温表

月份	综合月温（℃）	年份	月平均最高气温（℃）	月平均最低气温（℃）	月均气温（℃）	月份	综合月温（℃）	年份	月平均最高气温（℃）	月平均最低气温（℃）	月均气温（℃）
1月	1.5～7	2011	4	-1	1.5	7月	28～31	2011	33	26	29.5
		2012	6	0	3			2012	34	27	30.5
		2013	9	-1	4			2013	35	27	31
		2014	13	1	7			2014	32	24	28
2月	4～7	2011	12	2	7	8月	27～31	2011	31	25	28
		2012	7	1	4			2012	32	25	28.5
		2013	10	3	6.5			2013	35	27	31
		2014	8	2	5			2014	31	23	27
3月	9.5~13.5	2011	16	5	10.5	9月	23.5	2011	27	20	23.5
		2012	14	5	9.5			2012	28	19	23.5
		2013	19	8	13.5			2013	28	19	23.5
		2014	18	8	13			2014			
4月	17.5~19.5	2011	24	13	18.5	10月	18~19.5	2011	22	14	18
		2012	24	15	19.5			2012	23	14	18.5
		2013	23	12	17.5			2013	25	14	19.5
		2014	22	13	17.5			2014			
5月	22.5～23	2011	28	18	23	11月	10.5~14.5	2011	19	10	14.5
		2012	27	19	23			2012	15	6	10.5
		2013	28	18	23			2013	18	7	12.5
		2014	27	18	22.5			2014			
6月	25.5～27	2011	29	22	25.5	12月	4.5～6	2011	10	1	5.5
		2012	31	23	27			2012	8	1	4.5
		2013	31	22	26.5			2013	12	0	6
		2014	30	21	25.5			2014			

（三）选择合适香菇品种

随州秋栽香菇品种主要采用早熟、中温偏低型菌株，65～85天出菇，抗干冷风，耐低温，易形成花菇等特点，主栽品种有雨花系列、久香秋7、秋香607。

表2 代料秋栽种

品种	出菇温度	特性特征
久香4号	5～25℃	菌龄70天以上，浸泡上棚后催菇需7天左右，单生、个大肉厚、易花高产、转色应略深。
秋栽7号	3～20℃	菌龄65天以上，浸泡上棚后催菇需5天左右，单生、容易出菇、菇圆肉厚、出菇整齐易花高产、转色适中。
秋栽10号	5～22℃	菌龄55天以上，浸泡上棚后催菇需4天左右，容易出菇、整齐、易花高产、转色应略深。
秋栽9号	5～22℃	菌龄70天以上，浸泡上棚后催菇需8天左右，单生、个大肉厚、易花高产、转色应偏淡。
秋栽3号	5～23℃	菌龄65天以上，个中等、高产、转色适中。
Cr02	5～23℃	子实体中型，菌肉中等，菌盖黄褐色至茶褐色，圆整、柄细、出菇较早，朵数较多，产量较高，适应性强，容易栽培管理，是代料栽培菌株。
L27	10～23℃	子实体中大型，菌肉肥厚，菌盖茶褐色，朵形圆整，菇柄细短，产量高，出菇较早，适合袋装栽培。
Cr62	10～24℃	子实体中大型，圆整，肥厚，菌盖浅褐色至深褐色，菌柄细，中等长，出菇整齐，优质产量高，菌袋培养60～80天开始出菇，适合袋装栽培。
L66	12～24℃	子实体中大型，圆整，肥厚，菌盖浅褐色至深褐色，菌柄细、中等长，出菇整齐，优质产量高，菌袋培养60～80天出菇，适合袋装栽培。
856	12～20℃	菇体中大，60～70天出菇，肉厚柄短，形同质优，是目前主栽品种。
雨花2号	6～24℃	菇体中大，60～70天出菇，肉厚柄短，形圆，易花，是目前主栽品种。
秋栽6号	6～24℃	菇体中大，60～70天出菇，形优，柄短，肉厚，是目前主栽品种。
L087	10～20℃	子实体中大型，较肥厚，圆整，菌盖浅褐至褐色。菌柄细、中等长，出菇密，产量高。菌袋培养时间约70天左右开袋出菇，适合袋装栽培。

优质菌种外观质量要求：①纯度：菌种必须是没有感染任何杂菌的纯菌丝培养物；②长势：菌丝生长速度正常，菌丝健壮。生长稀疏、参差不齐、生长缓慢的菌种视为不良菌种，菌丝生长速度比正常的要快的菌种视为杂菌；③色泽洁白，若菌丝色泽有黄、绿、黑的，是感染了霉菌，若菌丝出现黄、红色的液滴，说明菌种菌龄较长，趋于老化；④均匀的菌丝上下一致，内外一致；⑤气味具有香菇的特有香味。

（四）栽培原料和配方选择

优质树种木屑生产优质香菇，许多菇农都有种片面的看法，认为凡是木屑，不管是阔叶树的或是针叶树的木屑，甚至蔗渣、野草都可以栽培香菇，用这些材料确实可以种出香菇来，但是要生产出优质能参与国际市场竞争的香菇却很困难。因为香菇是一种木腐菌，要生产优质香菇，必须选用含木质素高、质地坚硬的阔叶树，如壳斗科的麻栎、栓皮栎等树种木屑。这些树种的木屑，质地致密，比重大，孔隙小，木质素含量高，耐腐朽，香菇菌丝在其上生长较慢，有利于菌丝中养分的积累；菇蕾生长速度较慢，肉质就致密，菇大而肉厚。木屑粉碎时颗粒大小也需考虑，在不刺破袋的情

锯木屑要求
除桉、樟树外都能用，以栎树为好
锯木屑规格
长约18毫米、宽约10毫米、厚约10毫米
辅料麸皮
新鲜、大片、干燥、无结块、无霉变
石膏粉
色泽白、不溶于水、阳光下闪光发亮

图4　栽培料的选择

况下，粗木屑有利于生产优质香菇。随州秋栽香菇普遍选用栎类树种，粉碎机筛孔直径为16～20毫米，木屑长约18毫米、宽约10毫米、厚1～3毫米。

培养料氮素含量的多寡对香菇菌丝的生长（营养生长）、子实体的形成和发育（生殖生长）有很大的关系，碳氮比要恰当，随州秋栽代料香菇的氮源主要来自麸皮。麸皮要求：大片、新鲜、无霉变、无虫蛀、无异味、无掺假。石膏粉要求：色泽洁白的，阳光下闪光发亮，质优，纯度高，食品添加剂级别，禁用纯度低、有掺假的石膏粉。随州普遍使用的配方：栎树木屑78.8%、麸皮20%、石膏1%、石灰0.2%。

（五）菌袋规格

选用不含抑菌及有害人体健康物质的低压聚乙烯料袋，规格为宽21～22厘米、长60～62厘米、厚0.05厘米，一端封口插角。

（六）菌袋制作

1. 拌料

按配方准确配料，拌料均匀，含水量适宜（含水量在45%～50%）。拌料工艺流程如下：

（1）先预湿主料（木屑）。提前两天将木屑浇水预湿，水加到底部木屑湿透见水不成流为宜；

（2）拌料在清晨四五点钟最好，2～3小时拌好。拌料时先将木屑摊平，然后将麸皮均匀撒在上面，再将石膏粉、石灰粉撒在麸皮上，接着翻拌两次（人工或机械翻拌）；

（3）酸碱度测定，取少量拌好的料倒入有清水的杯中，搅拌，用pH试纸测定，适宜范围6～7；

（4）香菇培养料适宜含水量为45%～50%，感观检测，把拌好的料倒在干燥的水泥地坪上，把料抹去后地坪上无水印为料含水量偏小，有水印为适宜，有明水印为

图5　拌料

图6　装袋

料含水量偏大。

2. 装袋

上料、装袋、扎口流水作业，6小时内装好，装袋松紧适中，手托料袋中间，两端不下垂。料袋湿重：21厘米×60厘米料袋重3.75～4千克、22厘米×60厘米料袋重4～4.25千克。料袋应尽量避免刺破，仔细检查，发现破损处贴上不干胶布。

3. 灭菌

（1）灭菌场地：以一次灭菌4000袋为例，选择一块平整的场地，将一根绳子横、直呈网状放在地面上，其上铺两层无破损的薄膜，薄膜长6米、宽5米，然后排放木方，木方厚15厘米，每行木方相隔30厘米，中间两行木方之间放蒸汽管，再将木板放在木方上，最后将遮阳网或编织袋铺上，防止刺破料袋，做成长5米、宽4米的平台，每平方米堆约200袋。

（2）料袋码堆：将料袋放在做好的平台上，料袋码紧码实，高15层左右，堆成梯形，堆中间凹，四周高，防止倒堆。将感应温度计插入堆的底部，料袋堆码好后，覆盖薄膜和遮阳网（布），再用网（绳）将堆网（捆）紧，在堆的底部一角插入1米长的排水管，后将覆盖在堆上的薄膜及遮阳网（布）与地面上的两层薄膜互相卷紧，最后将堆上的网（绳）和地面上的绳子互相系住，把温度显示仪挂在堆上。

图7　灭菌场地准备

图8　料袋码堆

（3）料袋灭菌：点火后，猛火“攻头”，尽量8小时使堆内温度达到100℃，维持36～48小时，中间不掉火、不掉温、不掉气，注意安全，若遇下雨掉温，应适当延长时间。

（4）灭菌关键点控制：用钢板焊接专用蒸汽炉或3个旧油桶焊接蒸汽炉，前者蒸汽量大、快。连接蒸汽炉与蒸汽管，接上进水管，点火烧灶，排出冷凝水，堆上覆盖的薄膜充气鼓胀，随时注意蒸汽炉内的水量，保持在水位管中间，避免“烧干锅”，注意火力，避免火力过猛造成薄膜炸裂，灭菌结束后，堆内温度下降到70℃时拆堆，将料袋搬进冷却室内。灭菌彻底的料袋发亮，袋内料发黑，有木屑蒸熟后的特有香味。

（七）接种

（1）制作塑料接种箱（接种罩）：以每次接种100袋为例，材料由聚乙烯薄膜罩和木架或塑料架组成，架子长1.8米、宽0.8米、高1米；整个架子装入5米×5米薄膜罩，罩内开4个孔（双人接种），将20厘米×60厘米的塑料袖套粘在孔壁，接种时方便伸入箱内操作。

（2）接种棒规格：一端锥形，长度为3～5厘米，直径2.5厘米，手握部分为圆柱形，整体长度约15厘米。

（3）接种准备：培养室内温度降至30℃以下，方可接种。先将料袋用消毒药水擦净，放入接种箱内，外套袋挂在接种架上部的横杆上，菌种用5%的来苏尔溶液擦洗后

图9　料袋灭菌

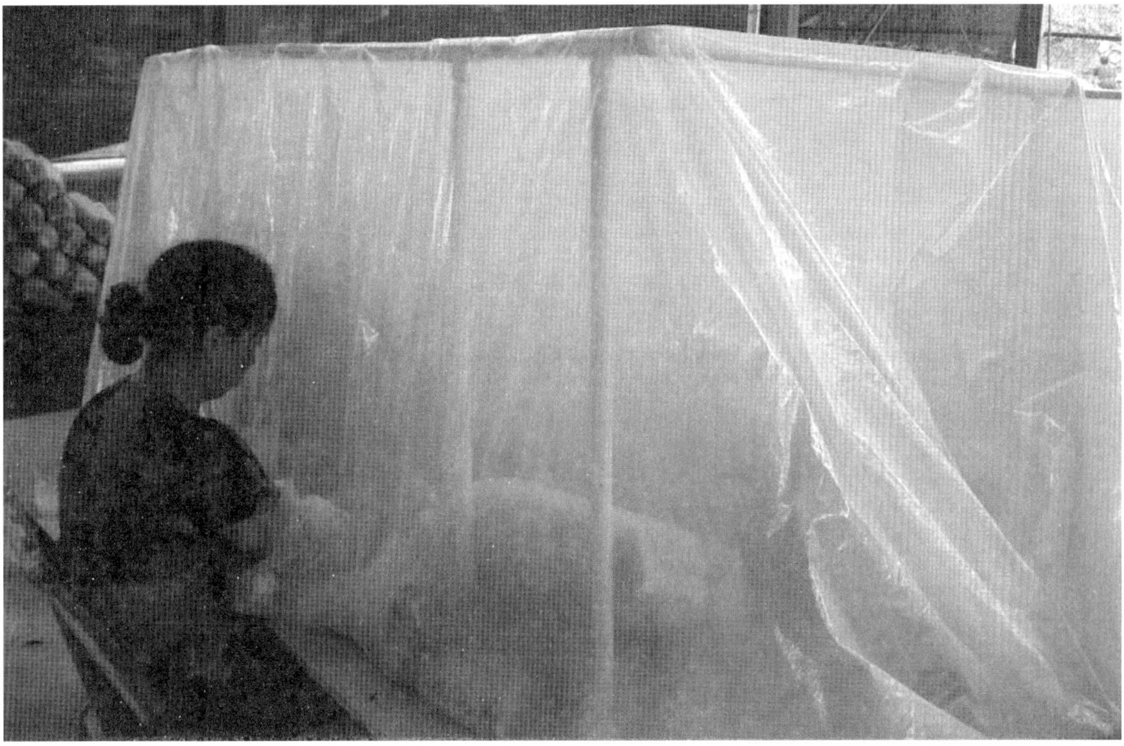

图10　塑料接种箱

放入接种箱，接种棒、小刀、酒精棉（布）同时放入，将接种罩两头袋口扎紧，然后点燃气雾消毒盒，再将两个袖套打结，密封熏蒸30分钟，气雾消毒盒用量每立方米8～12克。做好个人卫生（剪指甲、洗手、用浓度75%的酒精擦双手）。

（4）接种要求：要求无菌操作，动作熟练，菌种成块，塞满穴内。

（5）接种流程：先将菌种上的棉塞、套环及以下约1厘米厚的菌种用刀切掉，双手不能触摸，用接种棒在料袋上打穴，每方打三穴后，把菌种塞入穴内，注意菌种成块，塞满穴内，菌种块略高于穴口。一般每袋打三方，共9个穴。接种后套上外袋，封好袋口。接种结束后，将料袋搬入养菌室或养菌棚，然后清理接种箱，再进行第二箱，方法同上。

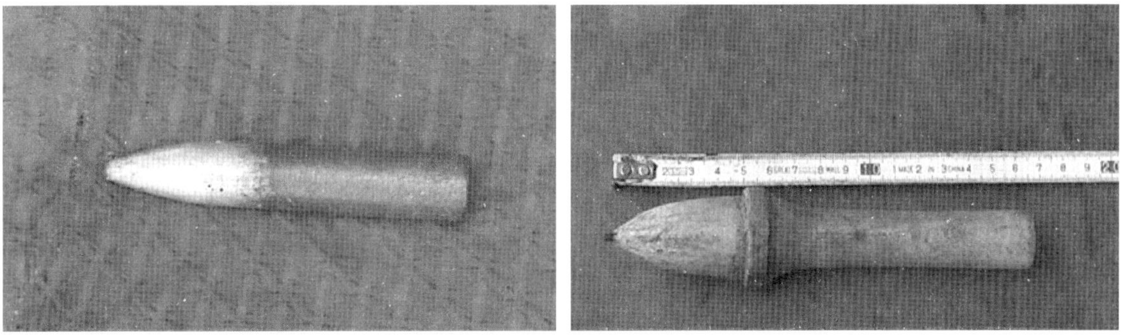

图11　接种棒

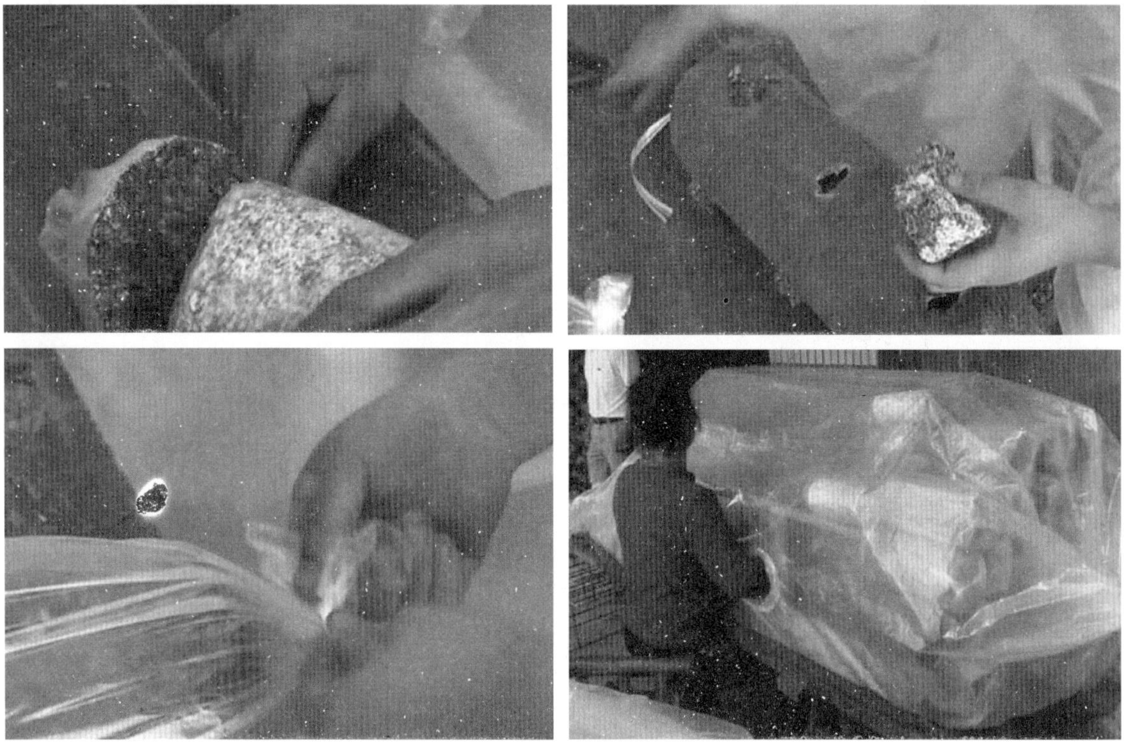

图12　秋栽香菇接种一

图13　秋栽香菇接种二

（八）养菌管理

（1）养菌要求：养菌室清洁卫生，干燥，空气相对湿度不超过70%，通风，避光，菌袋温度不超过30℃。要防止烧菌，养菌棚应增加遮阳、避雨设施。

（2）养菌初期管理：菌袋呈井字形堆放，堆高5～6层，堆间有走道，保持室温30℃以下，空气相对湿度70%以下。接种后3～5天菌块开始萌发，7～10天开始吃料，室温超过30℃时要通风降温。菌丝块长到6～8厘米时，解开外套袋袋口，菌丝块相连接时脱去外套袋，脱袋后袋温上升，注意通风（必要时用风扇降温）。

（3）刺孔增氧：菌袋菌丝全部长满后，并有爆米花状瘤状物时，进行第一次刺孔，叫放小气，在接种穴周围刺5～6个孔，孔径0.2厘米，孔深2～3厘米。刺孔2～3天后袋温会上升，做好降温措施，以防烧菌。第一次刺孔后10～15天，少数菌袋出现转色迹象，进行第二次刺孔，叫放大气，每袋刺70～80个孔，孔径0.5厘米，孔深4～6厘米，刺孔后3天袋温上升，注意降温。

图14　菌袋呈井字形堆放

图15　刺孔增氧

图16　转色管理

（九）转色管理

第二次刺孔后，菌丝色泽变深，菌袋开始转色，分泌褐色小珠，白色菌丝表面形成褐色菌膜。菌袋转色适宜温度为20～25℃，低于18℃或高于28℃转色困难，注意调节温度，转色要有适当散射光，转色期10～15天。袋内褐色水珠（“黄水”）应及时排出，否则会造成烂袋，影响出菇。

菌袋感染杂菌的原因：①培养料酸碱度不适合，造成香菇菌丝不长，生长杂菌；②灭菌不彻底，一般接种后3～7天杂菌发生；③菌种带杂，接种后3～5天菌种块上生长杂菌；④接种箱消毒不彻底或气雾消毒剂质量差，一般接种后7～10天发生杂菌；⑤接种人员携带杂菌，接种后3～5天菌袋上杂菌生长；⑥塑料袋破损，破损处长杂菌。

（十）出菇管理

（1）出菇时间：菌袋转色后约在11月下旬，气温下降，晚上10℃以下，白天在20℃左右，菌袋内有少量菇蕾发生时，进入出菇阶段。出菇时菌袋要适当补水，保温保湿催菇蕾，及时划口防畸形，低温干燥长花菇。

（2）出菇方式：分别有3种，第一是将菌袋搬进菇棚，白天覆盖棚膜，晚上掀膜低温刺激，自然出菇；第二是将菌袋放在棚内，覆盖棚膜，提高菌袋温度，第二天上午将菌袋放入水池中浸泡，浸水5～6小时，排

图17　出菇

图18　菇棚出菇

图19 菌袋浸水

净水池水，取出菌袋放在棚架上，覆盖棚膜保温保湿5～7天，菇蕾大量产生，若白天太阳大，棚温超过28℃时，要打开棚门，适当通风降温；第三是将菌袋刺6～10个孔，放入水池浸泡3小时，排净水池水，取出菌袋放在棚架上，方法同上。

（3）菌袋浸水要求：菌袋浸水后重量不能超过装袋的重量，浸水时间长，菌袋补水多，推迟出菇，严重时不出菇。

（4）划口：菌袋内菇蕾长到1～1.5厘米时，用香菇刀划口。划口不要太大，环割2/3或3/4薄膜，薄膜保留。否则第二茬菇后菌袋支离破碎难以保持菌袋内水分，划口时不要伤及幼菇。若使用保湿膜技术，则可以节省此项工序。

（5）疏蕾：袋内菇蕾多、密，将菇形差、互相拥挤的去掉，每袋留15～20个长势一致的菇蕾。

（6）蹲菇：菇盖直径长至2厘米左右，气温在0℃以上时，不盖薄膜，在低温、干燥条件下缓慢生长，使菇盖肉厚、结实，一般需7～10天。

（7）催花：菇盖直径2.5厘米，晴天时，白天掀膜，晒太阳，下午三四点盖膜升温，棚内要干燥，晚上10点左右，室外温度0℃以下时，掀膜降温，低温刺激，菇面出现裂纹，形成花菇。（注意香菇出菇生长期间，雨天盖棚、晴天掀棚。晚上气温0℃以下应盖棚，若遇长期低温应适当升温。）

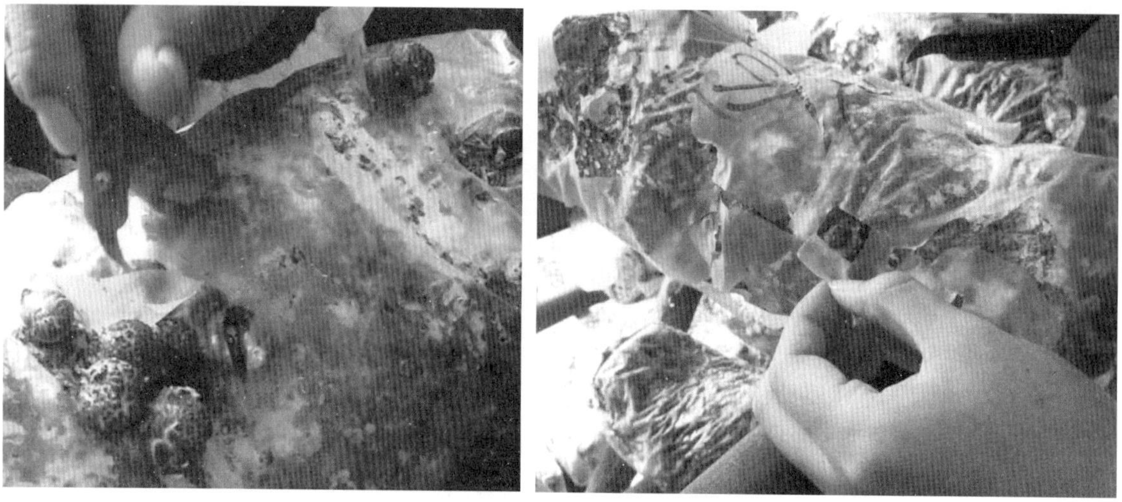

图20 划口

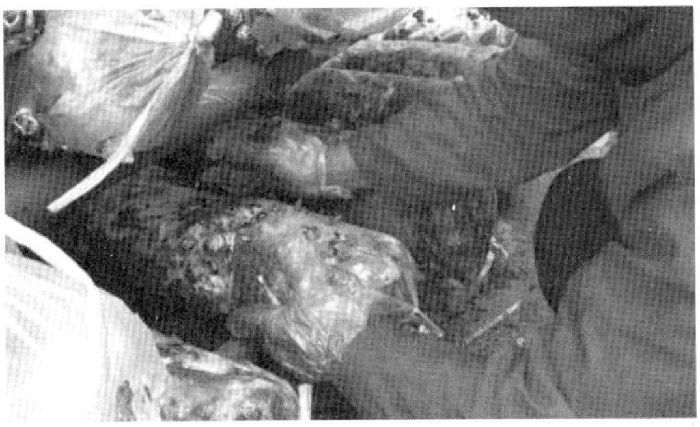

图21　疏蕾

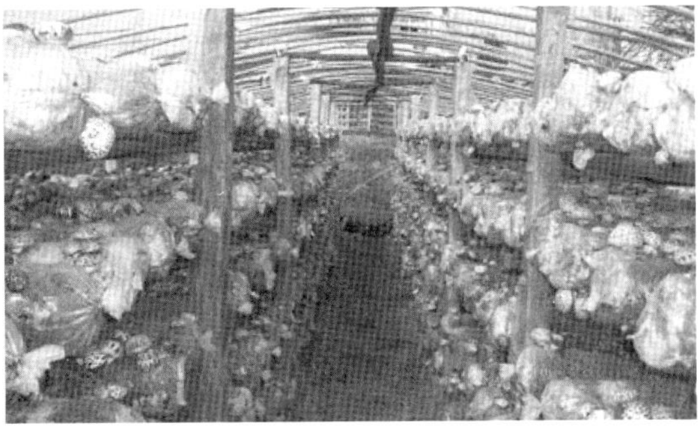

图22　蹲菇

图23　催花

（8）第二茬及下茬菇管理：上茬菇采收后，去除菌袋上的菇脚，养菌 7～10天，以采菇穴处长出白色菌丝为标准，再进行刺孔、浸水、催蕾等出菇管理，方法同上。

造成不出菇的原因：①菌种种性不适合当地气候。②菌袋养菌菌龄不足，往往出假菇。③养菌时出现了高温烧菌。④转色过深，菌皮太厚。⑤天气干旱，场地干燥，温度不够。

（十一）采收

香菇成熟标准为菇盖内圈成铜锣边，菌膜破裂。七八分开伞时就可分批采收，采收时不要伤及幼菇。

（十二）烘烤

采收后的鲜菇按质量要求进行加工，并采用热风干燥法即脱水烘干法干燥。烘干时要掌握好香菇含水量与温度的调节，这样烘出来的香菇形状色泽等感观才会达标。一般要求含水量高的鲜香菇初期温度要低，升温要慢。烘干时间的长短依鲜香菇的含水量灵活掌握。干燥好的香菇冷却后用薄膜袋装好，扎紧袋口，以免漏气受潮。

图23　烘烤

（随州市农业技术推广中心）

图24　香菇烘烤

二、秋栽代料香菇（花菇）轻简化栽培技术规程

（一）范围

本标准规定了秋栽代料花菇轻简化栽培技术的术语和定义、技术要求、病虫害防治、采收与干制加工及包装、贮存、运输要求。

本标准适用于湖北省秋季代料小棚大袋层架培育干制花菇的轻简化栽培。

（二）规范性引用文件

下列文件中的条款通过本标准的引用而成为本标准的条款。凡是注明日期的引用文件，其随后所有的修改单（不包括勘误的内容）或修订版均不适用于本标准，然而，鼓励根据本标准达成协议的各方研究是否可使用这些文件的最新版本。凡是不注日期的引用文件，其最新版本适用于本标准。

GB 9687—1988 食品包装用聚乙烯成型品卫生标准

GB 9688—1988 食品包装用聚丙烯成型品卫生标准

GB 19170—2003 香菇菌种

GB/T 12728 食用菌术语

NY/T 528 —210食用菌菌种生产技术规程

NY/T 393—2000 绿色食品农药使用准则

NY 5099 无公害食品食用菌栽培基质安全技术要求

NY 5358—2007无公害食品食用菌产地环境条件

NY 5095—2006 无公害食品食用菌

（三）术语与定义

GB/T 12728中规定的术语及下列定义适用于本标准。

1. 秋栽代料花菇

指将杂木屑和其他辅料按比例混合而成的培养料装入聚乙烯塑料筒袋，进行秋季层

架栽培，偏干管理获得的菌盖表面皲裂成花纹状的优质香菇。

2. 免割袋

一层很薄的直接接触包裹培养料的薄膜，可起到保水的作用，香菇的幼小菇蕾可顶破长出，出菇时将厚塑料筒袋去掉，免去了菇蕾发生时在厚塑料筒袋上割口的操作工序。

3. 轻简化栽培

选择单生易花品种，综合运用机械拌料与装袋、免割袋出菇等技术，达到减轻劳动强度、节省劳力的栽培方式。

4. 转色

转色是代料栽培香菇菌棒应有的正常生理现象，是长满菌丝并达到一定生理成熟的菌棒，在适宜的温、湿、气、光因子的作用下，表面形成气生菌丝后倒伏，分泌色素与黄水，最后形成一层棕褐色，具有保温、保湿、避光和抗杂菌作用的菌膜的过程。

5. 催蕾

指将生理成熟并转色的菌袋，在温差刺激、干湿差刺激或适当震动等外界因子的作用下，菌丝扭结形成原基并分化成菇蕾的操作过程。

6. 蹲蕾

指幼菇（菌盖直径不超过2.5厘米的小菇）进入生长后期，进行控温促壮，让幼菇个体生长放慢，积累养分，使菇肉变得坚实致密，同时使前后发生菇蕾的长速、长势尽量达到一致，以便后期催花管理和提高花菇率的操作。

7. 催花

指在菇蕾的适当阶段，通过微风吹拂、阳光照射等措施降低空气湿度到适当的范围，抑制菌盖表面细胞生长，但因菌盖内部的菌肉组织仍在增殖，导致表皮皲裂，最后露出白色菌肉组织的栽培操作过程。

（四）栽培环境、季节与品种要求

1. 栽培场地环境要求

应符合NY 5358—2007规定的要求。秋栽花菇模式的出菇场地要求向阳、通风、地势高燥、近水源、环境卫生达标。

2. 栽培季节

栽培季节安排应符合表1的要求。

表1　秋栽代料花菇轻简化栽培的生产季节要求

栽培模式	制袋期	菌丝培养期	转色期	出菇期
秋栽代料花菇轻简化栽培	8月中旬至9月中旬	9月至10月中旬	10月中旬至11月中下旬	11月下旬至次年4月下旬

3. 品种

（1）品种选择。宜使用经省级以上农作物品种审定委员会审（认）定或登记的适合秋季代料生产培育干制香菇的品种，要求品种的菌盖厚实，能适应干燥的环境条件，一般要求为中低温型，这样有利于培育优质花菇。

（2）菌种质量。菌种质量应符合GB 19170—2003规定的要求，菌种生产应符合NY/T 528-210规定的要求。

（五）栽培原料

1. 栽培基质要求

应符合NY 5099规定的要求。

生产代料花菇的主要原料有阔叶树木屑、棉壳、豆秸屑、棉秆屑、麸皮、米糠、玉米粉、石膏、碳酸钙和石灰等物质。各类原料要求新鲜无霉变、未变质。

2. 培养料常用配方

（1）杂木屑80.8%，麸皮18%，石膏1%，石灰0.2%，含水率55%～58%，pH值为6～7。

（2）杂木屑81%～83%，麸皮16%～18%，石膏1%。含水率55%～58%，pH值为6～7。

（3）杂木屑69%，麸皮15%，棉壳（短绒）15%，石膏1%，含水率55%～58%，pH值为6～7。

（六）轻简化栽培技术流程

1. 菌袋制作

（1）塑料筒袋要求。应符合GB 9687—1988和GB 9688—1988规定的要求。免割袋要求既能保水又不妨碍菇蕾长出。

（2）拌料。按生产数量和配方中各原辅材料的比例称重，机械混合搅拌；易溶于水的物质，用水稀释后，加入到培养料中，搅拌均匀。

（3）装袋。采用香菇专用装袋机装袋，并用铝扣扎口机扎紧袋口。宜选用折宽20厘米×长60厘米规格或折宽22厘米×长62厘米规格的高密度低压聚乙烯料或聚丙烯料薄膜筒袋，厚度0.06～0.07毫米。装袋后检查沙眼并用透明胶带封贴。

（4）灭菌。装袋后当天尽快灭菌，常压灭菌料袋内温度达98℃以上保持16～18小时，高压灭菌0.15兆帕、126℃保持2～3小时。高密度低压聚乙烯袋只能采用常压灭菌。无论高压或常压灭菌，均要排空灭菌锅（灶）的空气，让蒸汽充满整个锅（灶）内空间。

（5）冷却。在消毒后的冷却室或接种室冷却至28℃以下，冷却期间关闭冷却室的门窗，减少灰尘杂菌污染已灭菌的料袋，如能在过滤空气的无菌室冷却更好。

（6）接种：严格按无菌操作接种。

工艺流程：接种箱或接种室空间清洁或紫外线消毒→装入料袋、工具→空间消毒→装入菌种袋→手及工具表面消毒→接种→套袋封口→转入培养室培养。

2. 发菌管理

（1）发菌场所要求。培养场所要求干燥、洁净、通风良好，避免直射光，使用前应进行空间消毒，并能采取有效的控温措施。

（2）发菌培养条件。采取井字形或三角形交叉重叠排放。培养室温度宜控制在22～24℃，菌袋内温度不超过27℃，培养期间适时、适量通风增氧，控制湿度，保持干燥，避免直射光。

（3）发菌管理。菌丝培养期间，一般要翻堆三四次，每隔15～20天翻堆一次。翻堆时做到上下、里外、侧向等相互对调。当接种孔菌丝圈将要连接时，去掉外层套袋，增加氧气供给。直径达10厘米时，用牙签或小铁钉进行第一次刺孔增氧，每孔周围在菌丝圈外缘生长线内2厘米刺孔4～6个，孔深不超过1.5厘米。菌丝长满袋后，控制菌温在20～25℃培养一段时间，当菌丝生理成熟，在接种口周围形成瘤状物（俗称起泡），并占菌袋表面积的30%后，用带有6～8个直径0.5～0.8厘米铁针的专用香菇刺孔器进行第二次刺孔，孔深可达菌袋的中心或将菌袋刺穿（含水量偏高的菌袋），每袋刺孔40～60个，俗称“放大气”。脱外袋及每次刺孔后，均应密切注意菌袋料温的上升，及时打开培养室的门窗通风降温，菌温超过28℃时应将菌袋分散堆放，避免高温烧袋。

3. 转色管理

第二次刺孔后即进入转色管理阶段，秋栽代料花菇的转色为袋内转色，主要技术措施是刺孔通气、翻堆以及给予适当的光照。因袋内湿度变化相对恒定，通过刺孔增加袋内的氧气，可促进气生菌丝的生长；通过翻堆及调整菌棒的堆叠方式，可促进均匀转色；通过改变光照强度可调节转色的深浅。菌棒堆叠受压和未见光部位，或者塑袋与菌柱紧贴部位不能转色，需通过翻堆或采取揉搓、手拉等方法，使塑袋壁与菌柱分离，促使正常转色。培养料含水量过高，或刺孔偏少，或光照过强，转色会加深，菌膜过厚，会影响出菇；含水量偏少，或刺孔过多，或光照过暗，转色会偏浅，出菇时会出现菇蕾过密、菇小质次、菌棒抗杂力差、易散袋等现象。含水量高的菌棒转色时增加刺孔量，加快袋内水分蒸发，含水量低的减少刺孔量，堆叠时置于底层，吸收地面潮气，或在培养室（菇棚）地面少量浇水增加环境湿度，促进正常转色。同一品种的菌棒，最理想的转色是菌膜厚薄适中，红棕或棕褐色并有光泽，这样菌棒菇潮明显，疏密较匀，菇形好，产量高。

4. 出菇管理

（1）出菇场所。秋栽代料花菇的出菇棚为小棚，长6米，宽2.7～2.8米，面积16～17平方米，前后墙高1.6～1.8米，山墙顶高1.9～2米，中间留90～100厘米的人行道，两侧床架宽90厘米，床架分6层，层高28～30厘米，在棚外罩上农膜，四周压实即成，不搭建遮阴外棚，全光照射催花，催蕾时可临时加遮阴网。

（2）催蕾、育蕾、蹲蕾。

催蕾管理。将达到生理成熟并转色的菌袋，去掉最厚的那层塑料袋，只保留最里层紧贴培养料的免割塑料袋，放入浸水池中，浸泡2～4小时，以菌袋含水量不超过55%为最适宜（如菌袋含水量适宜的就不需要浸泡），浸泡水温应比气温低5℃以上。第一潮菇浸水的目的是通过浸水给菌棒以干湿差和温差刺激，促进菇蕾发生。菌袋浸水后即可排袋上架，覆膜保温保湿，此时棚内空气湿度需保持在85%以上，棚温以15～20℃为宜，不能超过25℃，否则需及时通风降温，通风20分钟左右即可，以不让菌棒表皮菌膜晾干为准。经3～5天连续覆膜操作，菇蕾即可出现。进入冬季的第二批菇，因外界气温很低，催蕾也可以采取堆码覆膜保温保湿的方式进行，即在向阳避风平坦的场地上，将补水后的菌棒紧靠竖立在铺于地面的麦草上，洒上适量水，上面再盖一层薄膜和一层麦草。通过掀开或盖上薄膜和麦草来调节堆内小环境的温、光、气、湿，以促使现蕾。

育蕾管理。育蕾就是培育出健壮的菇蕾。现蕾后，培育菇蕾至1～2厘米，此时菇蕾可自行顶破薄薄的免割袋。当转色过浅，或温差、震动等刺激过大时，菌袋会现蕾过密并造成相互挤压，此时应及时进行疏蕾，选优去劣，将丛生、畸形、不健壮、过密的幼蕾去掉，每袋保留8～10个菇蕾，且分布均匀，大小一致。幼蕾刚伸出袋外，对环境的抵抗力弱，此时必须给以最适宜的温度、湿度、新鲜空气和光照。棚温保持在子实体生长温度范围内，即12～16℃，空气湿度为80%～90%，一定的散射光和新鲜空气。如棚内二氧化碳浓度过高或光线太弱，会形成长柄菇；若温度过高，超过25℃，会长成盖薄柄长的劣质菇。此外还要防止幼菇冻死、干死、被风吹死。因此棚膜的掀盖一定要根据菇蕾的实际情况决定，多加观察，及时调控。

蹲蕾（菇）管理。棚温控制在5~12℃，空气湿度也适当降低，保持在80%~85%，给予充足的氧气和适当的光照。蹲菇一般需5~7天，在无风的晴天和需要通风换气时可掀去棚膜，让阳光照射幼菇。揭膜时间由天气和菇蕾的生长情况来决定，综合考虑温、湿、光、气四个因素。当用手指摸菇盖感到顶手，硬度似花生米时，蹲菇目的即达到了。此时幼菇组织坚实，肉质致密，菌盖表皮产生裂纹后就能培育出优质花菇。

（3）催花、育花、保花。

催花。花菇的形成是香菇子实体生长与环境条件协调作用的结果。水分与湿度是影响花菇形成的关键因子，培养料含水量低于35%和环境空气湿度高于68%均难以形成优质花菇。幼菇经蹲蕾处理后，当菇棚内大部分幼菇的菌盖直径达到2~3厘米时，是进行催花管理的最佳时期。晴天在上午10点以后将菇棚上的薄膜掀开，幼菇直接接受阳光的照射和微风的吹拂，使其菌盖表面呈现干燥状态。下午3点以后盖上薄膜，防止傍晚和夜间的潮气影响催花。连续2~3天的干燥管理，幼菇菌盖表面即可形成裂纹，自然催花完成。人工催花一般晚上11~12点在棚内加温排湿，加温方式以坑道、烟道、热风机为好，不能采用煤球炉明火加温，其废烟气直接排在菇棚内，会影响香菇生长，花菇菌褶颜色变褐色，品质下降。加温时将菇棚一端的门打开，并将另一端菇棚顶部留出一道缝隙，以便棚内空气对流，达到排热气与排潮的目的。加温时或加温后期再加湿，使菇蕾菌盖表面湿润软化。加温4~5小时，控制棚温不超过30℃，然后突然将覆盖菇棚的薄膜全部揭开，幼菇菌盖表皮由湿热状态骤然遇冷，再在冷风的吹刮下，会立刻出现裂纹。白天维持自然催花的管理措施，上午10点后掀膜，微风吹拂和阳光直射菇体，下午3点后再将棚膜盖上。

育花。幼菇菌盖表皮出现裂纹后，连续按自然催花法或人工催花法操作4~5天，使菌盖表皮裂纹不断加宽加深，白色菌肉呈龟裂状，最后表皮不长，菌盖表面只剩下斑斑点点的褐色小块或全部变白的过程，称为育花。

保花。维持低温和干燥的环境条件，使花菇菌盖表面保持白色不变的管理过程，称为保花。当菇棚内空气湿度达到70%以上，气温15℃以上，持续3~4小时，菌盖表面露出的白色菌肉上就会再长出一层薄薄的表皮，开始很薄呈茶红色。上述条件延长，表皮细胞增多加厚，颜色就会加深，将原来的白色菌肉覆盖，白花菇就变成暗花菇或茶花菇了。棚内空气湿度增大的原因很多，由地面潮湿、雾天或雨雪天气空气湿度大、菌棒内水分蒸发、晚上温度降低后空气湿度自然升高等引起。湿度增大，温度在10℃以下，菌肉再生的表皮生长缓慢，也不会马上变红。根据潮气的不同来源，采用不同的方法来防止空气湿度增大。如地面潮湿可铺地膜隔潮，在雾天或雨雪天里就盖紧棚膜隔潮。只要空气湿度不超过70%，晚上就不用加温排湿。如长期干燥，还要适当加湿才能保持花菇的正常生长。

（七）采收与转潮管理

1. 采收

在5~12℃的低温下，花菇缓慢生长，当菌膜将破未破，盖缘内卷，即可分批采收烘干或鲜销。采摘时，用拇指、食指和中指捏住菌柄的基部，旋转拧下，不留菇蒂在菌棒上，以免后期滋生杂菌。

白花菇

2. 转潮管理

采完一潮菇后，应养菌10~15天，养菌时温度最好保持在23~25℃，空气湿度维持在70%左右，遮光，适当通风，当采菇凹陷处重新长出菌丝变白后，即可进行下潮菇的出菇管理。秋栽花菇菌棒补水的常用方法有：水池浸泡和注水器注水。补水量应适当，逐次减少，但一般补至前潮菇出菇前重量的90%左右为宜。

（华中农业大学、随州市农业技术推广中心、湖北长久菌业有限公司）

三、香菇优良品种特性及栽培要点

（一）香菇秋栽优良品种“久香秋7”的特性及栽培要点

1. 品种来源

华中农业大学、湖北长久菌业有限公司从“L205” 子实体群中选择优良变异个体经组织分离、定向选择育成的香菇品种。

2. 品质产量

经农业部微生物产品质量监督检验测试中心（武汉）测定，粗脂肪含量1.8%，粗蛋白含量19.19%，多糖含量2.67%。2009—2014年在武汉、随州、十堰等地试验、试种，秋季棚架栽培生物转化率95%～110%。

3. 特征特性

属中晚熟秋栽香菇品种。菌盖圆整较肥厚，菌柄粗、较短，柄基部较细，花菇率较高，菌丝长速较快，转色速度中等，菌龄较长，潮次明显，出菇均匀，单生为主。菌盖直径6厘米左右，菌盖厚度2厘米左右，单菇鲜重25克左右。菌丝生长温度范围5～28℃，最适宜生长温度23～25℃，适宜出菇温度5～23℃，最适宜出菇温度10～18℃。接种至出菇需75～85天，出菇期12月上旬至次年4月下旬。

4. 栽培技术要点

（1）适时接种。8月中旬至9月上旬接种，一般室温低于30℃即可生产菌袋，制袋时间不宜过迟。一般按9眼接种（3排×3

图1　久香秋7

眼/排）。

（2）栽培方式。以棚架栽培培育干制花菇为主。

（3）发菌期管理。保持菌袋温度在24℃±1℃，及时通风降温、排湿，防止高温烧菌。养菌期刺孔两三次增氧发菌，菌袋转色略偏深为宜。

（4）出菇管理。日最高温稳定降至20℃以下，菌袋浸水处理20～30分钟即可上架进行头潮菇管理，催蕾时保持空气湿度在85%～90%，同时给予3～5天10℃以上的温差刺激，催菇时振动与温差不宜过大，以免菇蕾过多或丛生。当菇蕾菌盖直径长至2.5厘米左右时，加强通风，注意降低空气温度、湿度，促进花菇形成和生长。

5. 适宜范围

适于湖北省棚架秋栽干制香菇产区种植。

（二）香菇秋栽优良品种"秋香607"的特性及栽培要点

1. 品种来源

华中农业大学、湖北长久菌业有限公司从"秋栽6号"子实体群中选择优良变异个体经组织分离、定向选择育成的香菇品种。

2. 品质产量

经农业部微生物产品质量监督检验测试中心（武汉）测定，粗脂肪含量1.8%，粗蛋白含量17.92%，多糖含量2.72%。2009—2014年在武汉、随州、十堰等地试验、试种，秋季棚架栽培生物转化率95%～115%。

3. 特征特性

属中熟秋栽香菇品种。菌盖圆整较肥厚，菌柄较短，花菇率较高。菌丝长速快，转色、出菇、转潮均较快，出菇整齐度好，潮次明显，单生为主，转色偏深时菇体分布较均匀，转色偏浅时有丛生菇蕾。菌盖直径6厘米左右，菌盖厚度2厘米左右，单菇鲜重17克左右。菌丝生长温度为5～28℃，最适宜生长温度23～25℃，出菇温度5～23℃，最适宜出菇温度8～16℃。接种至出菇需65～75天，出菇期

图2 秋香607

11月下旬至次年4月下旬。

4. 栽培技术要点

（1）适时接种。8月下旬至9月中旬接种，一般室温低于30℃即可生产菌袋，制袋时间不宜过早。一般按9眼接种（3排×3眼/排）。

（2）栽培方式。以棚架栽培培育干制花菇为主。

（3）发菌期管理。保持菌袋温度在24℃±1℃，及时通风降温、排湿，防止高温烧菌。养菌期刺孔两三次增氧发菌，菌袋转色略偏深为宜。

（4）出菇管理。日最高温稳定降至20℃以下，菌袋浸水处理20～30分钟即可上架进行头潮菇管理，催蕾时保持空气湿度在85%～90%，同时给予3～5天10℃以上的温差刺激，催菇时振动与温差不宜过大，以免菇蕾过多或丛生。当菇蕾菌盖直径长至2.5厘米左右时，加强通风，注意降低空气温度、湿度，促进花菇形成和生长。

5. 适宜范围

适于湖北省棚架秋栽干制香菇产区种植。

（三）香菇春栽优良品种“9608”的特性及栽培要点

1. 品种特性

香菇“9608”品种属中低温品种，菌丝生长适宜温度为22～27℃，6～26℃出菇，肉厚、朵大、圆整、抗杂菌，子实体形成的菌龄期为70～120天。子实体单生或丛生，低温结实好，抗逆性强。生物转华率96%～100%。既可进行花菇栽培，也可进行普通菇栽培。

2. 栽培方式及区域

香菇“9608”在十堰地区作为秋冬菇品种进行栽培，即春季（2—4月）生产菌棒，越夏后秋冬季出菇。

3. 栽培技术要点

（1）接种与套外袋：装袋灭菌后，待菌棒温度降至28℃以下时进行接种；接种后套上外袋，系好袋口。

（2）菌袋摆放与养菌环境：菌袋采用井字形码放，高3～8层，每层两三棒。由于养菌期间要越夏，为了防止烧菌，需定期

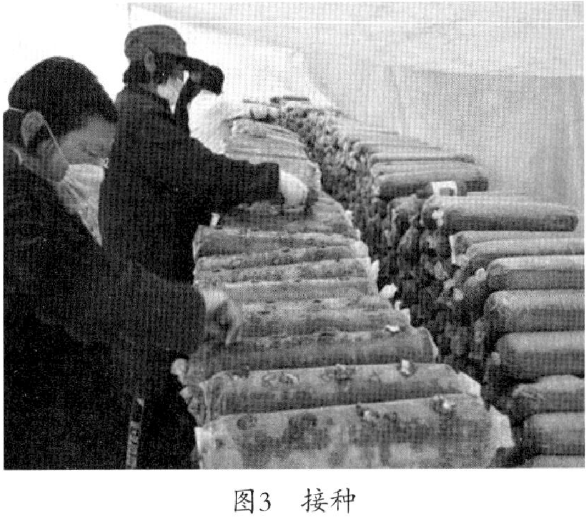

图3　接种

图4　接种后套外袋培养

图5　井字形码放

图6　脱袋刺孔

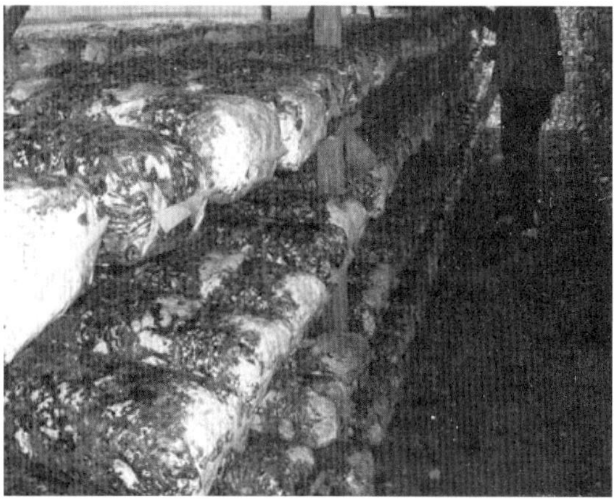

图7　转色

图8　上架出菇

测量菌棒温度，尽量将环境温度控制在30℃以内。注意暗光养菌，防止菌丝老化和菌皮的提前形成，场地空气相对湿度保持在60%～70%。

（3）脱外袋与刺孔：待接种穴菌丝充分相连后，脱掉套袋。待菌丝长到6～8厘米时，用洁净的牙签在接种穴周围刺4～6个孔，以刺破菌袋为度，刺孔处菌丝要生长旺盛，根据菌丝生长情况和菌棒粗细，养菌后期刺孔一两次，用直径4毫米左右的铁丝或铁钉每袋刺20～40孔，深2～3厘米，刺孔后，菌丝代谢旺盛，产生大量热量，所以当环境温度高于28℃时，禁止刺孔。

（4）转色管理：菌丝长满后，部分菌袋变成棕褐色时，进行转色管理，此时需减少大棚两侧遮阴物，保持棚内较充足的散射光，诱使菌丝成熟转色。夜间敞棚降温，拉大温差，最好保持10℃以上的温差，刺孔增氧，孔径3～5毫米，深4～7厘米，每袋30～50孔，增加菌棒内部氧气含量，排放菌丝分泌液，提高菌丝抗杂能力，并加快转色。

（5）出菇管理：菌棒越夏转色结束，温度达到出菇温度范围，部分菌棒表面有少量原基出现时，进行出菇管理，采用层架出菇。将菌棒脱去外部菌袋平放于层架上，菌棒之间相距10厘米左右，对越夏期间失水严重的适量补水。每天早晚喷水一次，保持相对湿度85%～90%，采收前停止喷水，温度保持在10～28℃，保持棚内较强的散射光和流通的空气。当菇体长至八成熟（菌盖边缘内卷，菌膜刚破裂）时即可采收。

（十堰市农科院食用菌研究所）

（四）香菇夏栽优良品种“L808”的特性及栽培要点

1. 品种来源

香菇品种“L808”（国品认菌2008009）由浙江省丽水市大山菇业研究开发有限公司选育。

2. 栽培方式

适合在山区进行夏季反季节栽培。“L808”在十堰地区作为夏菇品种进行栽培，即11月中旬至次年3月生产菌棒，夏季出菇。

3. 栽培技术要点

（1）制袋与养菌：装袋灭菌后待菌棒温度降至28℃以下时进行接种，接种后套上外袋，系好袋口。菌棒并列码放成排，高8～12层，三四排紧靠成一组，组与组之间相距40～60厘米，冬季温度较低，因此夜晚可在菌袋上覆一层薄膜保温。场地空气相对湿度保持在60%～70%。待接种穴菌丝充分相连后，脱掉外袋。

（2）刺孔：待菌丝长到6～8厘米时，用洁净的牙签在接种穴周围刺4～6个孔，以刺破菌袋为度，刺孔处菌丝要生长旺盛，根据菌丝生长情况和菌棒粗细，养菌后期刺孔一两次，用直径4毫米左右的铁丝或铁钉每袋刺20～40孔，深2～3厘米，刺孔

图9　流水线装袋

图10　高压灭菌

图11　养菌

图12　转色

图13　斜靠培养

后，菌丝代谢旺盛，产生大量热量，促进菌丝生长。

（3）转色管理：菌丝长满后，部分菌丝变成棕褐色时，进行转色管理，此时需减少大棚两侧遮阴物，保持棚内较充足的散射光，诱使菌丝成熟转色。夜间敞棚降温，拉大温差，最好保持10℃以上的温差，刺孔增氧，孔径3～5毫米，深4～7厘米，每袋30～50孔，增加菌棒内部氧气含量，排放菌丝分泌液，提高菌丝抗杂能力，并加快转色。

（4）出菇管理：菌棒完成转色后，温度达到出菇温度范围，部分菌棒表面有少量原基出现时，进行出菇管理，采用地面支架斜靠出菇，支架高25～30厘米，间距20～25厘米，菌棒脱袋后呈人字形将菌棒交错靠放于支架上，菌棒相距10～15厘米，保持充足的散射光，夏季温度过高，一定要在大棚外设置遮阴网，每天早晚喷水一次，保持相对湿度85%～90%，加强通风，保持场地空气新鲜，同时达到降温的作用。当菇体长至八成熟（菌盖边缘内卷，菌膜刚破裂）时即可采收。

（十堰市农科院食用菌研究所）

四、桑枝、烟杆替代木屑栽培香菇的关键技术

（一）桑枝替代木屑栽培香菇的关键技术

桑树枝条是蚕桑生产中的主要副产物，一般多用作燃料，其利用价值极低，若将其粉碎后加上其他辅料作为培育香菇的原料，可提高桑园副产物的综合利用价值，减少自然林木的消耗，保护生态环境，降低香菇生产成本，提高效益。

栽培实践证明，夏伐桑枝优于冬剪桑枝，夏伐桑枝木质化程度高，是育菇首选原料。将剪伐后的桑树枝条，粉碎至10毫米×25毫米细小的薄片，然后晾干、备用，来不及加工的桑枝，要贮藏在向阳、背风、干燥的场地，每10天上下、左右、里外翻动1次，以防霉变。硬杂木屑切片至7毫米×15毫米的薄片；辅料有麸皮、石膏。

夏伐桑枝栽培香菇的配方：桑枝59%～79%、木屑0～20%、麸皮20%、石膏1%，料含水量58%。

冬伐桑枝栽培香菇的配方：桑枝39%～49%、木屑30%～40%、麸皮20%、石膏1%。

培养料搅拌均匀后，进行装袋、灭菌、接种、套外袋、养菌管理、出菇管理、采收，方法与传统栎树木屑栽培基本一致。

图1　桑枝

图2　粉碎

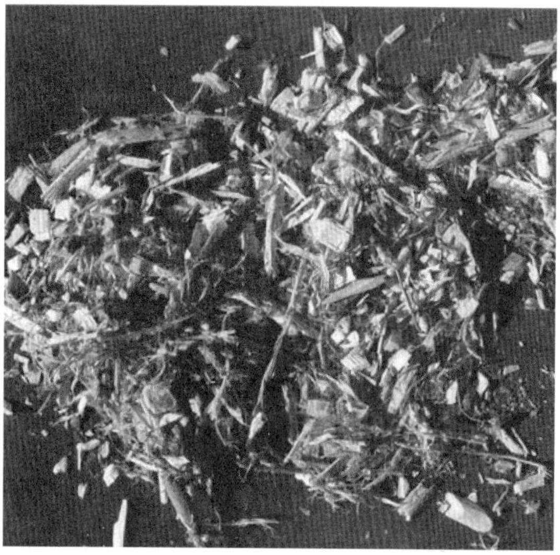

图3 桑枝屑

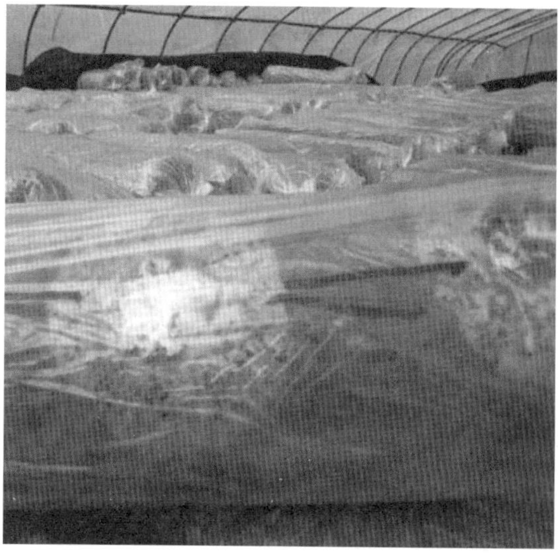

图4 桑枝菌袋

（二）烟杆替代木屑栽培香菇的关键技术

烟草生产中产生大量烟杆，利用烟杆代替部分木屑进行香菇栽培，减少对林木的消耗，又解决了废弃烟杆的出路问题，可有效降低成本，提高效益。

烟杆粉碎至10毫米×25毫米大小；硬杂木屑切片，大小7毫米×15毫米；辅料：麸皮、石膏。

配方为：烟杆10%～30%、木屑49%～69%、麸皮20%、石膏1%，含水量58%。

培养料搅拌均匀后，进行装袋、灭菌、接种、套外袋、养菌管理、出菇管理、采收。

图5 收集烟杆

图6　烟杆粉碎

图7　烟杆菌袋

五、香菇菌棒腐烂病综合防治技术

1. 症状

香菇菌棒腐烂病在发菌期和出菇期均可发生。香菇菌棒局部被感染后，病斑逐渐向菌棒四周及内部蔓延，菌棒表面先出现白色浓密菌丝，后出现绿色霉斑，有时在染病部位与健康菌丝之间形成红褐色拮抗线。随着发病程度加重，香菇菌棒表面开始软化腐烂，内部菌丝呈豆渣状，出现散筒现象，散发出强烈的霉味。染病菌棒上不能形成子实体，已长出的子实体也逐渐萎蔫或死亡，症状如下图。

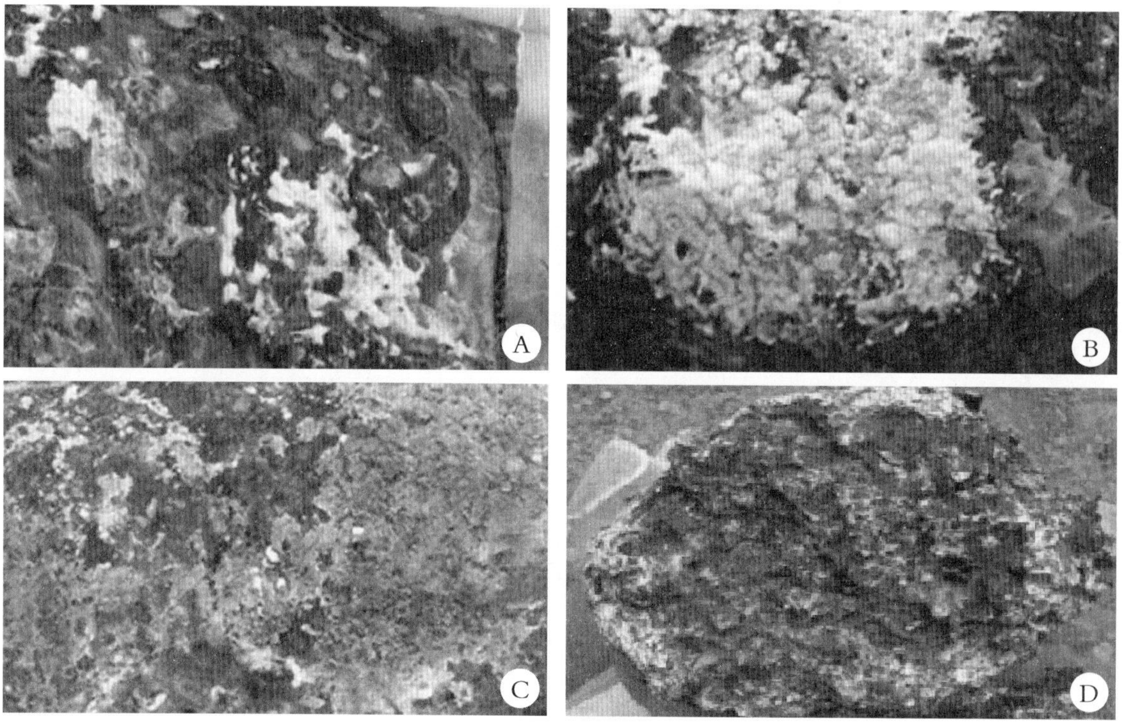

染病的香菇菌棒

注：A. 开始菌棒表面出现不规则白色斑点；B. 白色菌落迅速蔓延，有绿色孢子簇生成；C. 白色菌落短时间内转变为绿色；D. 菌棒内部腐烂，有白色霉菌菌丝，香菇菌丝枯萎死亡。

2. 发生原因

（1）香菇菌丝可短时间忍受高温胁迫，长时间高温烧菌可使香菇菌丝的抗逆性急剧下降，这是造成香菇烂棒的重要原因。

（2）香菇菌丝若在受高温胁迫时未死亡，则其在温度正常后可恢复活力，甚至有增强趋势。

（3）根据研究结果，培养料中石膏含量、刺孔次数和补水时长与发病率没有显著相关性。补水方式显著影响病害的发生，水池浸泡补水极大地促进了病菌的传播。

（4）香菇不同的品种对木霉菌的抗性存在显著的差异。

3. 防治技术

（1）制袋时间不宜提前，根据湖北省气候条件，应该延迟到9月中上旬，避开高温期接种。

（2）加强香菇养菌时期的温度管理，栽培场所尽量使用遮阴网或空调房，使其通风散热，避免菌丝在30℃以上的环境中生长。

（3）养菌期间，菌袋摆放不宜过密，且要对菌棒不定时翻堆，并当菌丝长到一定程度时进行刺孔，避免烧菌。

（4）刺孔工具随时消毒，遇到污染的菌袋及时焚烧或作深埋处理。

（5）改进补水方式，避免将染病和健康菌棒放在同一水池中浸泡补水。

（6）在种植区推广不同的香菇品种，避免因单一品种造成香菇菌棒腐烂病大规模爆发。

（华中农业大学）

六、香菇重金属镉污染综合防控技术

1. 重金属镉的危害

重金属是指比重大于5的金属，如金、银、铅、镉、汞、砷等大约45种，在人体中累积达到一定程度，会造成慢性中毒。镉(Cd)不是人体必需元素，可以通过食物、水和空气进入人体内蓄积下来，由于其毒性极强且人体排出速度很慢，因此在人体内超过一定量，即对肾、肺、肝、睾丸、骨骼及血液系统均可产生毒性，其中对肾脏和肝脏损害最为严重，长期食用会导致“痛痛病”、软骨症和自发性骨折等，此外慢性镉中毒亦可影响生殖能力。

近年来，有很多关于香菇中重金属超标的报道，其中镉污染最为严重，由于镉污染对人体造成的极大的健康危害，国家对香菇中镉的含量有着严格的标准，用于保证消费者的食品安全。

2. 香菇产品中镉污染来源

香菇栽培中有两个主要污染来源：一是环境因素，如覆土材料、水、培养料等被重金属镉污染，或者其本身就含有一定的重金属元素；二是内部因素，香菇菌丝本身就存在吸收培养料中的金属离子的能力，并将其运输到香菇子实体中，且培养料中镉含量越高，则获得的香菇子实体中镉含量就越高。

3. 镉污染防控技术要点

（1）选择低富集镉的品种。如湖北省随州市主栽品种1号，相比其他品种来讲，镉富集能力较低。

（2）严格控制培养料来源。禁止使用镉污染或镉含量较高的木屑、麸皮和石膏，水源要求无污染，故从源头上控制镉的污染。

（3）适当提高培养料中的石膏含量：将香菇培养料中的石膏用量提高到2%，可有效降低香菇中重金属镉的含量。

（4）添加硫酸镁或活性炭：在原有香菇栽培配方的基础上，向培养料中加入50毫克/千克左右的硫酸镁和3%的活性炭亦可有助于降低香菇中重金属镉的含量。

（5）出菇管理与采收：保证每潮次香菇出菇整齐且产量较高，避免因管理不当导致第一潮次香菇镉含量超标。

七、香菇菌柄加工食品、饮料生产技术

（一）香菇菌柄加工固体饮料生产技术

1. 工艺路线

香菇菌柄、残次菇→除杂→粗粉→微粉
茶叶等→粗粉→微粉
淀粉、羧甲基纤维素钠
} →混合→造粒→包装→杀菌→成品

2. 工艺要点

（1）原料要求：原料要求无霉变，无草根、树叶、毛片、塑料等肉眼可见杂质，香菇菌柄直径大于0.5 厘米，无夹带基料，残次菇以肉厚者为佳，原料水分含量要求控制在10%以下。

（2）粗粉碎：原料选好后，先用粉碎机粗粉碎，粗粉细度过40目筛即可。

（3）辅料选料及粉碎：淀粉、羧甲基纤维素钠等辅料要求食品级，茶叶等辅料要求无杂质、霉变等。粉碎过40目筛。

（4）微粉碎：将粗粉碎后的原辅料用超微粉碎机进行微粉碎，要求微粉碎细度达300目以上。原辅料超微粉碎后可溶性成分可更快溶出。

（5）混合：按比例称取原辅料，用混合机进行混合，混合时加入一定量的水分，以利于造粒。

（6）造粒：用造粒机进行造粒，造粒后用鼓风干燥机或流化床烘干，烘干温度

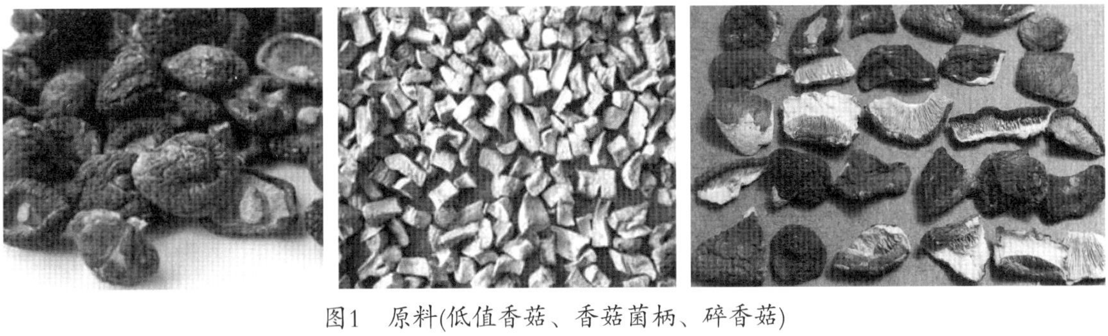

图1　原料(低值香菇、香菇菌柄、碎香菇)

图2　粗粉碎设备

图3　超微粉碎设备

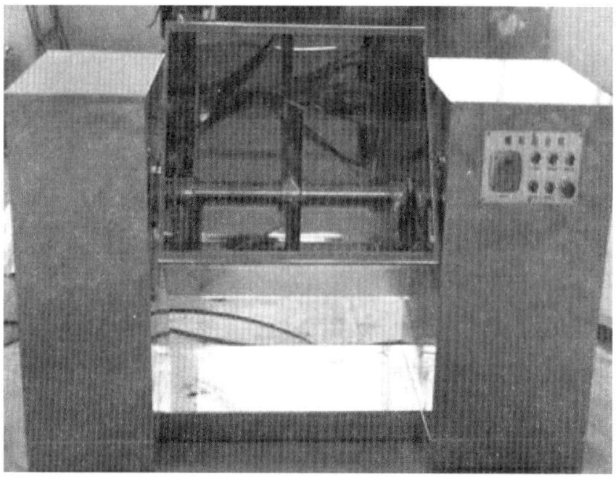

图4　混合机

图5　造粒机

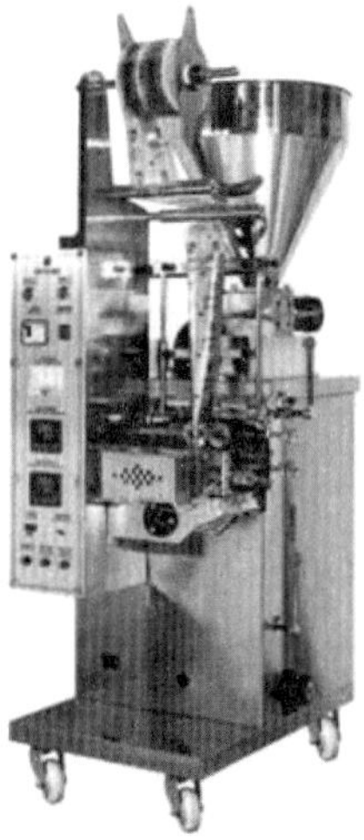

图6　颗粒包装机

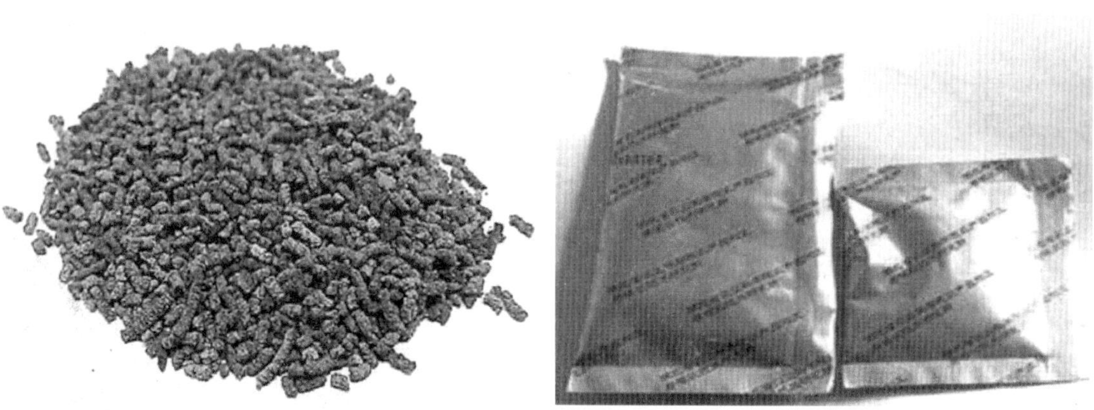

图7　香菇固体饮料（冲剂）

70℃左右。

（7）包装：用颗粒包装机进行包装。

（8）杀菌：辐照杀菌，剂量为3千戈瑞（KGy）。

（二）香菇菌柄加工香菇酱生产技术

以香菇菌柄为主要原料，添加黄豆酱、风味豆豉、花椒、辣椒、白芝麻等辅料制作香菇酱，味道酱香浓郁，菇粒香嫩、美味可口，可拌面拌饭、蘸食、焖鱼烧菜等，食用方便，营养价值高，备受消费者喜爱。不仅可以变废为宝，提高香菇产业的综合经济效益，还能满足现代人对健康的需求。

1. 工艺流程

（1）物料前处理。①原料挑选：选择无病虫害、质地紧密、组织饱满的优质菇柄。②清洗、去除杂质（泥沙、培养基、木屑、塑料等），去除黑硬霉变的香菇菌柄，用温水浸泡覆水。③切丁：采用切丁机切成大小均匀的丁状。④酶解、灭酶：用柠檬酸与碳酸钠调节pH值，加入纤维素酶，50℃恒温水浴中酶解2小时。酶解完后，加热煮沸灭酶10 分钟后捞出，过冷水清洗，沥干水分。⑤大蒜前处理：取干大蒜，去除蒜皮、蒜蒂等杂质，用粉碎机打成泥状，放入塑料杯中冷藏保存待用。⑥生姜前处理：取生姜，清洗杂质，去皮，用粉碎机打成泥状，放入塑料杯中冷藏保存待用。⑦辣椒前处理：选择优质红辣椒，质干，过筛除尘，去除辣椒柄等杂质，用粉碎机打粉，过80目筛，放入塑料杯中冷藏保存待用。⑧花椒前处理：选择优质干花椒，过筛除尘，去除花椒籽等杂质，用粉碎机打粉，过80目筛，放入塑料杯中冷藏保存待用。⑨卤水配制：在水中按各自比例加入蔗糖、食用盐、辣椒粉、生姜末、大蒜末、十三香、花椒粉、老抽、黄酒，其中蔗糖和辣椒粉的比例分别为8%和2%。

（2）卤制菇丁：把④中酶解过的香菇丁倒入⑨中配好的卤水中，用夹层锅进行卤

图8　香菇菌柄清洗机

图9　高温夹层锅

图10　高温炒锅

图11　全自动清洗理瓶机

图12　人工灌装

图13　卧式杀菌釜

制，冷却，放置过夜。取出、沥干卤水。

（3）炒酱：按比例加入大豆油、菇丁、姜末、蒜末、白芝麻、黄豆酱等，用电磁加热搅拌锅炒酱，注意炒制过程中火候和炒制时间的控制。

（4）灌装、油封：瓶子经清洗、理瓶后，进行人工灌装或机械灌装酱料，浇上热油封口，净含量不可低于国家计量标准和法规要求。

（5）杀菌。

（6）贴标喷码：用自动贴标机贴包装瓶标签，用喷码机在瓶盖上喷涂批号。

（7）装箱封箱：装箱后半自动封箱。

（8）成品入库：装箱成品入库待售。

2. 产品质量指标

（1）感官指标：酱体形态均匀，酱香浓郁，具有香菇固有的色、香、味，无杂质，无苦味、焦糊味、酸味及其他不良气味，无霉斑白膜。

图14 香菇酱

（2）理化指标：总砷（以As计）≤0.5毫克/千克，铅（Pb）≤1毫克/千克，亚硝酸盐（以$NaNO_2$计）≤20毫克/千克。

（3）微生物指标：大肠菌群≤30MPN/100g，无致病菌（金黄色葡萄球菌、志贺氏菌、沙门氏菌）。

（三）香菇菌柄加工脆片生产技术

香菇脆片是一种即食休闲膨化食品，可增加香菇食品的种类，延伸香菇的产业链条，提高香菇附加值，创造更多的经济价值，且其口感酥脆、营养健康、食用方便，深受广大消费者的喜爱。

鲜香菇采用渗透脱水与真空油炸联合干燥工艺方法，降低了香菇脆片的脂肪含量。通过漂烫、糖液浸渍、速冻等前处理，降低鲜香菇水分含量的同时，增加了香菇的可溶性固形物含量，保持香菇特有的风味、色泽和外形。后期采用真空低温油炸，此方法有如下优点：①温度低，营养成分损失少；②减压，水分蒸发快，干燥时间短；③保留制品本身的香气和风味；④具有膨化作用，产品复水性好；⑤油耗少，油脂裂化速率慢。采用本方法生产的香菇脆片外形饱满平整无脱皮、色泽怡人、口感酥脆、油脂含量低、水分含量少、健康营养，可常期贮存。

1. 工艺流程

（1）原料挑选、清洗：挑选大小均匀、无病虫害、无机械损伤、新鲜的香菇，在流动水中清理掉木屑、灰尘、培养基、塑料等杂质。

（2）去除菇柄、护色烫漂灭酶、冷却：将经过步骤1处理的鲜香菇，去除菇

图15　香菇脆片

柄，在漂烫液中加入少许柠檬酸和食用盐等，煮沸漂烫5～7 分钟，快速捞出并在流动水中快速冷却。

（3）糖液浸渍、沥糖：将经过漂烫冷却后的香菇置于麦芽糖与麦芽糊精（质量比1∶2）的混合溶液中，糖液浓度为40%，浸泡温度30℃，香菇条与糖液投放比例为1∶7（质量比），浸渍时间约3小时，然后取出沥干糖液。

（4）速冻：将沥干糖液后的香菇平铺

图16　真空渍糖机

图17 真空油炸脱油机

在铁盘上，进行预冻，冷冻时间为16～20小时，中心温度在－28℃以下。

（5）真空油炸干燥：将速冻后的香菇放入真空油炸框中，进行真空油炸和脱油，样品取出放置。

（6）调味：将真空油炸取出的香菇脆片趁热撒入番茄味或烤肉味等其他口味的调味粉。

（7）冷却、包装、贮藏：冷却至室温，再进行包装，放入塑料瓶中加入干燥剂封口，于常温、干燥处放置。

2. 产品质量指标

（1）感官指标。色泽：具有香菇原有的色泽；滋味和口感：具有香菇特有的滋味，清香纯正，口感酥脆可口；形态：具有香菇原有的形态，个体平整饱满，大小均匀，且基本无碎屑；杂质：无肉眼可见杂质。

（2）理化指标。净含量：每批平均净含量不得低于标明量；水分≤5%；酸价（以脂肪计）≤5%；过氧化值（以脂肪计）≤20meq/kg；铅≤0.5%；砷≤0.5%。

（3）微生物学指标。细菌总数≤1000个/克；大肠菌群≤30MPN/100g；无致病菌（志贺氏菌、金黄色葡萄球菌）。

（湖北省农业科学院农产品加工与核农技术研究所）

图书在版编目（CIP）数据

香菇安全高效生产与加工技术 / 边银丙，程薇主编.
— 武汉：湖北科学技术出版社，2016.6（2018.12 重印）
（湖北省园艺产业农技推广实用技术丛书）
ISBN 978-7-5352-8892-9

Ⅰ.①香… Ⅱ.①边… ②程… Ⅲ.①蘑菇–蔬菜园艺②香菇–蔬菜加工 Ⅳ.①S646.1

中国版本图书馆CIP数据核字(2016)第136829号

责任编辑：刘志敏 王小芳　　封面设计：胡 博

出版发行：湖北科学技术出版社　　电话：027—87679468
地　　址：武汉市雄楚大街268号
（湖北出版文化城B座13—14层）　　邮编：430070
网　　址：http://www.hbstp.com.cn

排　　版：武汉藏远传媒文化有限公司　　邮编：430070
印　　刷：湖北大合印务有限公司　　邮编：433000

787×1092　1/16　3印张　100千字
2016年7月第1版　2018年12月第4次印刷

定　　价：10.50元